# 我的旅遊手冊
# 倫敦

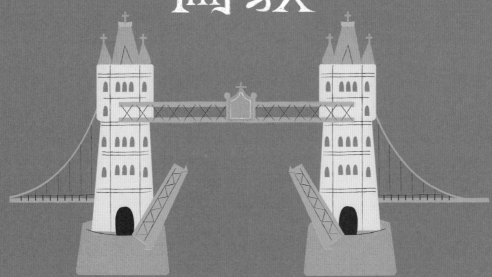

新雅文化事業有限公司
www.sunya.com.hk

# 我的旅遊計劃

小朋友，你會跟誰一起去倫敦旅行？請在下面的空框內畫上人物的頭像或貼上他們的照片，然後寫上他們的名字吧。

| 登機證<br>Boarding Pass | ✈ 倫敦 LONDON |
|---|---|
| 請你在右面適當的位置填上這次旅程的相關資料。 | **出發日期：** |

**出發日期：**

|  | 年 |  | 月 |  | 日 |
|---|---|---|---|---|---|

**回程日期：**

|  | 年 |  | 月 |  | 日 |
|---|---|---|---|---|---|

**旅遊目的：**

☐ 觀光

☐ 探訪親人

☐ 遊學

☐ 其他：＿＿＿＿＿＿＿

在出發前，要先計劃活動，你可以跟爸爸媽媽討論一下行程安排。請在橫線上寫上你的想法吧。

- **我最想去看的建築物：**

  _____

- **我最想去的地方：**

  _____

- **我最想吃的美食：**

  _____

- **我最想做的事情：**

  _____

- **我最想購買的紀念品：**

  _____

# 倫敦 London

—— 英國的首都

> Hello! How are you?
> 小朋友，快來一起到倫敦這個美麗的城市，認識英國的文化吧！

**正式名稱：** 大不列顛及北愛爾蘭聯合王國

**地理位置：** 西北歐

英國是一個歐洲國家，位於北大西洋與北海之間。英國領土主要由大不列顛島上的英格蘭、蘇格蘭、威爾斯，以及北愛爾蘭和其附屬島嶼所組成。

英國是一個歷史源遠的歐洲大國，在 19 至 20 世紀早期，隨着工業的發展，英國成為了世上列強國家之一。在全盛時期，英國人更不斷擴展領土，建立了很多海外殖民地。現今，英國的政治、經濟、文化、體育和軍事等方面在世界上仍有着重要的影響力。

蘇格蘭

愛丁堡

北愛爾蘭

利物浦

約克

曼徹斯特

英 國
United Kingdom

英格蘭

威爾斯

倫敦

巴斯

牛津

索爾茲伯里

**國旗：**

**首都：** 倫敦

**語言：** 英語

**貨幣：** 英鎊 £

50

# 倫敦的天際線

倫敦是英國的首都，是一個歷史悠久的歐洲大都會。小朋友，你能分辨出以下這些倫敦的地標嗎？請從貼紙頁中選出合適的貼紙貼在剪影上。

**小知識**

倫敦是世上重要的國際金融中心。倫敦既有新穎的城市地標，例如倫敦眼和夏德塔等，同時保存了不同風格的傳統教堂和古堡等歷史建築，是一個集政治、經濟、藝術文化、運動與科技於一身的國際城市。

# 英國火車站

英國的鐵路已有百年歷史，網絡發達，不少旅客都會選擇乘坐火車和地鐵來遊覽倫敦。請從貼紙頁中選出合適的貼紙貼在剪影上，讓大家看清楚這個繁忙的火車站吧。

PLATFORM 9³⁄₄

THE Harry Potter SHOP
AT PLATFORM 9³⁄₄

**考考你**

倫敦還有另一個著名的火車站，在這裏你可以乘搭「歐洲之星」列車直達法國。你知道這個火車站的名字嗎？

小知識

倫敦的國王十字火車站是一個大型鐵路終點站，主要提供前往英格蘭東北部和北部的列車服務。英國著名《哈利波特》系列電影就是在這個車站的月台取景拍攝的，因此每年都吸引大量遊客到此車站觀光。

我的小任務

請你在國王十字火車站，尋找神秘的 $9\frac{3}{4}$ 號月台拍下一張照片留為紀念吧。

重站火字十國倫就去溪香

答案「任務小」的 p.8：

9

# 大笨鐘

大笨鐘是倫敦歷史悠久的著名景點之一，它屹立在泰晤士河畔上，與國會大樓為鄰。

在泰晤士河畔上，還有設計新穎的建築，如倫敦眼摩天輪。它們都是倫敦著名的地標。

請把下圖中的虛線連起來，讓我們看清楚這些地標吧。

**小知識**

小朋友，你知道大笨鐘名稱的由來嗎？原來，最初人們所叫的大笨鐘並不是指整座鐘樓建築或它的鐘面。大笨鐘其實是位於鐘樓內一個重達約 13 噸的巨大金屬鐘，它每小時的整點會敲響一次。大笨鐘的時間非常準確，因為英國人是根據格林威治世界標準時間來校對時間的。

倫敦眼是為了
慶祝千禧年而建築的。

**我的小任務**
當你在倫敦遊覽時，請找一處同時可看到大笨鐘、
國會大樓和電話亭的地方，並拍下一張照片吧。
（小提示：從大笨鐘往西走的路上有一個電話亭。）

# 白金漢宮

在倫敦，遊客們都喜歡到傳統的皇家宮殿，例如白金漢宮，去看看皇家禁衞或皇室人員出巡的風采。圖中的皇家御林軍開始換班了，請從貼紙頁中選出貼紙貼在適當的位置來令場面更熱鬧吧。

**小知識**

白金漢宮是英女皇的居所，也是皇室人員履行職責的地方。當宮殿的旗杆上升起了皇家旗幟，即表示英女皇在宮殿內。當英女皇不在宮殿時，則會掛上英國國旗。

# 英國皇室

小朋友，你知道以下哪些是英國皇室宮殿，以及皇室人員舉行重要活動的場所嗎？
請選出正確的答案，並在 ☐ 內加上 ✔ 吧。

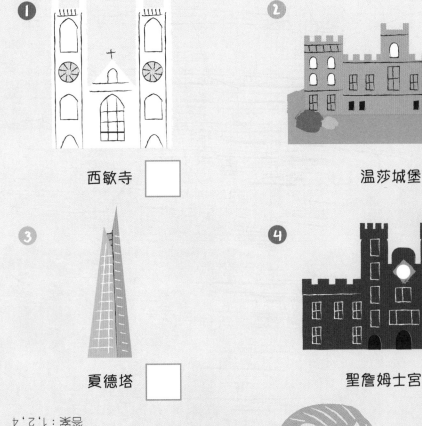

**①** 西敏寺 ☐

**②** 溫莎城堡 ☐

**③** 夏德塔 ☐

**④** 聖詹姆士宮 ☐

答案：1, 2, 4

### 小知識
西敏寺是歷代英國君主登基舉行
加冕大典、婚禮慶典或葬禮的場
地，也是大多君主皇室的安葬之
處。而溫莎城堡和聖詹姆士宮則
是英國皇室的宮殿。

# 倫敦塔

在倫敦，除了有很多宮殿之外，你也可以到泰晤士河畔去看看倫敦塔——一座充滿傳奇色彩的堡壘。倫敦塔曾經用作不同的用途，包括宮殿、國庫、鑄幣廠、軍械庫、天文台和監獄，現在這座宮殿已成為了世界遺產之一。小朋友，請你把下圖空白的位置填上顏色。

# 倫敦塔橋

在倫敦塔的旁邊，有一座十分宏偉的古堡外形的大橋——倫敦塔橋。泰晤士河上的交通真繁忙呢，請從貼紙頁中選出船隻貼紙貼在適當的位置上。

**小知識**

倫敦塔橋（Tower Bridge）是一個著名景點，它的外形宏偉，分上下兩層，上層供遊人使用，下層則供車輛行駛。當河上有船隻通過時，倫敦塔橋下層的鐵橋便會向上打開，讓船隻通過。英國的經典童謠 *London Bridge is falling down*，歌詞中的倫敦橋（London Bridge）就在倫敦塔橋附近，它曾經塌下並獲重建，兩座橋並不相同。

# 大英博物館

大英博物館是遊客熱門遊覽的名勝之一，館內收藏了來自世界各地的珍貴文物展品。當你遊覽大英博物館時，請嘗試找出以下三件重要的展品，並把展品和正確的名稱用線連起來。

Ⓐ 南美洲復活島
摩艾石像

Ⓑ 拉美西斯
二世頭像

Ⓒ 埃及貓
木乃伊

答案：1.B 2.C 3.A

**小知識**

倫敦是一個著名的「博物館之都」，除了藝術博物館或自然博物館之外，還有很多十分有趣的博物館，例如玩具博物館、杜莎夫人蠟像館，運輸博物館和福爾摩斯博物館等等。

16

# 特拉法加廣場

特拉法加廣場的噴泉真美啊！請從貼紙頁中選出
適當的貼紙貼在剪影上，看看人們在做什麼吧。

**考考你**
你知道特拉法加廣場上有百年歷史
的紀念柱是為了紀念誰的嗎？

(Admiral Nelson)。

答案：
在事蹟英勇卻在海戰中殉職的英國海軍上將納爾遜。

**我的小任務**
在特拉法加廣場上的四個角落都有一個藍色
的動物雕像——大藍雞雕像。請找出這些雕
像，並拍下一張照片留為紀念吧。

# 科芬園

科芬園是倫敦著名的市集之一，這裏有音樂表演、特色的餐廳和售賣各種紀念品的小店。請從貼紙頁中選出適當的貼紙貼在剪影上，看看有哪些有趣的東西吧！

小朋友，請你發揮創意，在下面的空框內設計一些你喜歡的英國紀念品吧。

# 海德公園

倫敦有很多美麗的公園，海德公園便是其中之一，你可以在公園裏綠油油的草地上野餐，親親大自然呢。在公園裏有很多可愛的小動物，請從貼紙頁中選出合適的貼紙貼在剪影上，看看公園裏有哪些小動物吧。

**我的小任務**
在海德公園裏，有一座著名的威靈頓拱門，
請找出這座拱門然後拍照留念。
（小提示：請往海德公園東北方找找看。）

## 交通繁忙的大都市

倫敦的交通真是繁忙啊！馬路上有各種不同的交通工具。請從貼紙頁中選出合適的貼紙貼在剪影上，看看倫敦的路面情況吧。

### 小知識
在英國，要成為一名的士司機可不容易呢，這是因為當地的士司機的考核試非常嚴格。倫敦的道路網絡複雜，縱橫交錯，的士司機必須熟記多達二萬個街名，還要懂得選取最快捷的行車路線，它甚至被喻為世上最難考上的的士考核試呢。

# 倫敦街頭

小朋友，你知道倫敦的街頭上有哪些特色的交通工具和店舖嗎？請把下圖填上顏色，讓我們看清楚街上的情況吧。

答案：由於現任的女王是 Queen Elizabeth the Second。

# 英國的美食

小朋友，你知道英國人愛吃哪些食物嗎？請從貼紙頁中選出食物貼紙貼在剪影上，看看桌上有什麼英式美食吧。

炸魚薯條

牧羊人批

海鮮冷盤

**小知識**

英式下午茶（Afternoon Tea）是英國餐飲的一大特色，源自英國 1840 年代，當時貝德福德公爵夫人每天下午約三時都會請侍女提供三文治、蛋糕和紅茶，有時公爵夫人更會邀請朋友來一起吃茶點，談天說地。漸漸地，下午茶的習慣開始在英國上流社會流行起來，後來更漸漸發展成一種社交活動。

答案：由上至下

星期日烤肉

英式早餐

周打蜆湯

英式下午茶

約克郡布丁

餡餅

# 運動之都

英國人愛好體育運動，其中英格蘭超級足球聯賽更是世界知名。小朋友，你知道英國還有哪些熱門運動嗎？請從貼紙頁中選出合適的貼紙貼在剪影上。

足球

曲棍球

板球

欖球

馬術

# 我的旅遊小相簿

小朋友，你喜歡拍照嗎？請你把在這次旅程中拍下的照片貼在下面不同主題的相框裏，以留下珍貴的回憶。

英國美食

英國巴士

皇宮或古堡

大笨鐘

## 我的倫敦旅遊足跡

小朋友，你曾經到過英國倫敦的哪些地方觀光？請從貼紙頁中選出貼紙貼在地圖的剪影上來留下你的小足跡吧。另外，你也可以在地圖上畫出你自己計劃的旅遊路線。

我到過的地方：

伊羅士雕像

特拉法加廣場

國會大樓和大笨鐘

西敏寺

大英博物館

聖瑪莉艾克斯 30 號大樓

聖保羅大教堂

倫敦塔橋

泰晤士河

市政廳

倫敦眼

夏德塔

# 我的旅遊筆記

你可以發揮創意，把你在旅程中看到有趣的東西畫出來。

請貼在 P.6 - 7

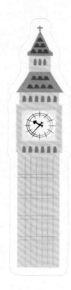

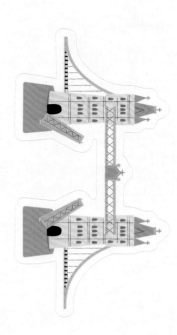

請貼在 P.8 - 9

請貼在 P.12

請貼在 P.15

請貼在 P.17

請貼在 P.18
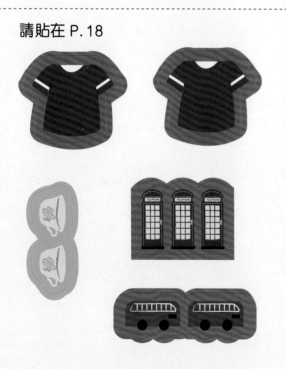

請貼在 P.20 - 21

請貼在 P.22-23

請貼在 P.26-27

請貼在 P.26-27

請貼在 P.28

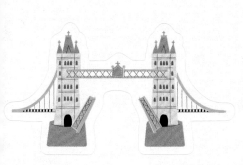

請貼在 P.30-31